Guirelle

DE

L'AVENIR AGRICOLE

DU FOREZ

MONTBRISON
IMPRIMERIE CONROT

1861

DE

L'AVENIR AGRICOLE

DU FOREZ

Les gouvernements ont été établis pour aider la société à vaincre les obstacles qui entravaient sa marche. (*Idées Napoléoniennes*, chap. I. p. 1).

Cher pays du Forez, je te dois une offrande. (Victor de Laprade. — *Au pays du Forez.*)

MONTBRISON
IMPRIMERIE CONROT

1861

A Son Excellence M. le Comte de Persigny.

MONSIEUR LE COMTE,

Vous nous disiez, il y a quatre mois, avec un accent sympathique qui vibre encore dans nos souvenirs : « Voici, je crois, vos véritables intérêts. » Puis, les traçant avec cette sûreté et cette largeur de vues qui n'appartient qu'aux esprits supérieurs et pratiques, vous avez porté dans l'âme de vos compatriotes la conviction pénétrante qui respirait en vous.

L'espoir qui nous vint ce jour là devient aujourd'hui, au souffle puissant de votre dévouement, une réalité bienfaisante pour notre cher pays.

J'ose donc espérer, Monsieur le Comte, que ce modeste travail, né sous l'inspiration de vos paroles et de vos actes, sera accueilli par vous comme un hommage d'admiration reconnaissante et de profond respect.

Paul de QUIRIELLE.

Montbrison le 10 février 1861.

DE

L'AVENIR AGRICOLE

DU FOREZ

Le 31 août 1860, dans un banquet qui réunissait autour de M. le comte de Persigny les principaux représentants de l'agriculture et de l'administration, *de belles et bonnes paroles ont été données au Forez.*

L'action a suivi de près la promesse. Devenant une volonté puissante et autorisée, la grande intelligence qui avait tracé le programme en poursuit aujourd'hui la réalisation. Sous son énergique impulsion, les idées prennent un corps dans un enfantement singulièrement rapide. Les vastes projets qu'a fait étudier le gouvernement viennent de se produire avec la double garantie du zèle et de la science. L'organisation a commencé à fonctionner. Déjà même, sur une des branches du réseau qui s'est formé pour l'assainissement des deux rives de la Loire, le travail est attaqué.

De grandes espérances ont répondu à cet ensemble de mesures. Mais peut-être l'initiative individuelle et collective, si bien prévenue déjà, a-t-elle encore besoin d'être éclairée pour apporter, dans le concours unanime des forces vives du pays, son contingent de ressource et de bonne volonté. Ne serait-ce donc point le moment d'embrasser d'un coup d'œil d'ensemble les conditions de l'amélioration du Forez.

J'esquisse cette étude sans autre but que de servir la prospérité de mon pays, sans autre prétention que de travailler, dans la mesure de mes forces, à l'œuvre féconde de son progrès ; je cherche à résumer les termes de la question, à mettre en lumière l'intérêt capital de l'entreprise.

Il importe avant tout, je crois, de marquer avec précision le caractère spécial de notre contrée et la configuration du sol qu'il s'agit d'améliorer.

Je ne résiste pas au plaisir de reproduire ici la délicieuse peinture du Forez, par laquelle débute l'*Astrée* :

« Auprès de l'ancienne ville de Lyon, du costé « du soleil couchant, il y a un pays nommé Fo- « rests, qui, en sa petitesse, contient ce qui est de « plus rare au reste des Gaules. Car étant divisé « en plaines et en montagnes, les unes et les autres « sont si fertiles et situées en un air si tempéré, « que la terre y est capable de tout ce que peut « désirer le laboureur. Au cœur du pays est le plus « beau de la plaine, ceinte, comme d'une forte « muraille, des monts assez voisins et arrosée du « fleuve de Loire, qui, prenant sa source assez « près de là, passe par le milieu, non point encore « trop enflé ny orgueilleux, mais doux et paisi- « ble. Plusieurs autres ruisseaux, en divers lieux, « la vont baignant de leurs claires ondes : mais « l'un des plus beaux est Lignon qui, vagabond « en son cours, aussi bien que douteux en sa « source, va serpentant par ceste plaine depuis les « hautes montagnes de Cervières et de Chalma- « sel, iusques à Feurs où Loire, le recevant et lui « faisant perdre son nom propre, l'emporte pour « tribut à l'Océan (1). »

Si j'ai cru pouvoir répéter un tableau si connu, c'est qu'il ne m'a pas paru possible de trouver une image du Forez, à la fois plus saisissante et plus séduisante. C'est aussi que le favori de l'hô-

(1) *Astrée* de messire Honoré d'Urfé, première partie page 1.

tel Rambouillet, dont la naïveté raffinée jeta tant d'éclat à l'aurore littéraire du XVIIe siècle, fut avant tout un forézien de cœur qui connut son pays aussi bien qu'il l'aimait, et que je suis heureux de mettre cet essai de patriotisme local sous l'invocation d'une ombre si présente encore *aux rives du doux coulant Lignon*

Franchissons maintenant deux siècles et demi; la science actuelle nous peindra la configuration du même pays avec cette précision qui n'exclut point la vie et la couleur (1).

M. Gruner ouvre ainsi sa description géologique et minéralogique du département de la Loire :

« Placé sur le versant septentrional du plateau central de la France, il appartient presqu'en entier au bassin du fleuve dont il porte le nom. La Loire le parcourt dans sa plus grande longueur du sud au nord. Aussi en négligeant le vallon du Gier et le revers méridional du Pilat, c'est-à-dire la pointe sud-est du département, dont les eaux se rendent au Rhône, on peut le considérer, dans son ensemble, comme une large vallée ouverte au nord et fermée dans les trois autres sens.

« Il se divise en trois régions éminemment

(1) Description géologique et minéralogique du département de la Loire par L. Gruner, ingénieur en chef au corps des mines. Imprimerie impériale, 1857 (Voir note 1).

distinctes : les montagnes, qui forment les flancs de la grande vallée, les plateaux, qui bordent les défilés du fleuve, et les plaines ou bassins plats.

« Les montagnes se partagent elles-mêmes en trois massifs différents, les montagnes du Forez, la chaîne du Pilat et le groupe du Beaujolais.

« Le premier isole, à l'ouest, le bassin de la Loire de celui de l'Allier ; le second sert, au sud, de ligne de partage aux eaux de la Loire et du Rhône ; le troisième continue cette même ligne de faîte à l'est, entre la Loire et la Saône.

« En parcourant maintenant cette vallée ainsi encaissée, du sud au nord, dans le sens de la pente du fleuve, on rencontrera successivement deux plateaux ondulés et deux bassins plats.

« Le premier plateau, celui de Saint-Etienne, s'étend du revers nord de la chaîne du Pilat à la base des montagnes du Forez.

« A Saint-Rambert, la Loire sort du défilé et les coteaux se retirent des bords du fleuve. On se trouve tout à coup transporté au milieu d'un vaste bassin elliptique, de huit à dix lieues de longueur, sur trois à quatre lieues de largeur : c'est la plaine dite du Forez (*forum segusianorum.*)

« Au-dessous de Balbigny commence le second

plateau, celui de Neulize. Une série de coteaux élevés, disposés en forme de puissante digue, viennent barrer le cours du fleuve sur une longueur de près de six lieues, et relient transversalement les montagnes du Forez au groupe des hauteurs du Beaujolais.

« Enfin, à trois kilomètres en avant de Roanne, ce deuxième défilé s'ouvre à son tour, les coteaux s'abaissent, et un nouveau bassin, la plaine de Roanne, s'étend au loin vers le nord. »

C'est bien là ce me semble une photographie aussi exacte que complète de notre département.

Voici donc une vallée que son climat, ses dispositions naturelles, le fleuve qui lui apporte son nom semblait destiner à la fertilité. Ne tiendra-t-elle pas de la diversité de formation de ses montagnes, de ses plateaux et de ses plaines, une variété de production qui la classent au premier rang parmi les régions agricoles de la France? Ne sera-t-elle pas cette terre dont parle messire d'Urfé, *capable de tout ce que peut désirer le laboureur*.

Quand on rapproche ces conditions heureuses du présent que lui a fait la nature, en déposant la houille à l'origine même et dans la partie la plus ingrate de la vallée Quand on considère les merveilleuses richesses que fait surgir de terre cet inépuisable aliment ; quand on voit la grande industrie stéphanoise, à l'étroit dans son berceau, tendre a rayonner devant-elle en même temps que l'antique fabrication lyonnaise déborde jusque sur le Forez. Lorsque l'on songe enfin que ces deux centres si rapprochés, Saint-Etienne et Lyon, fournissent à la culture, avec un débouché illimité, la plus large subvention, il est permis d'être douloureusement frappé de l'incontestable faiblesse de l'agriculture forézienne.

Faudrait-il donc en conclure avec Arthur Young, que l'agriculture ne gagne rien au voisinage de l'industrie ? Mille fois non ; car l'étrange théorie du publiciste ingénieux qui ne résista pas lui-même à la pierre de touche de la pratique, du voyageur intelligent qui, sachant bien voir, ne savait pas toujours bien conclure, cette affirmation hasardée a reçu des faits le plus éclatant démenti (1).

Il prétendait qu'en France et en Angleterre, les districts manufacturiers étaient les plus mal cultivés ; et il est aujourd'hui banal de dire que partout dans les deux pays, la production industrielle a provoqué et soutient le développement agricole.

(1) Voir sur les *Voyages en France* d'Arthur Young, la note B.

Dans son *Essai sur l'économie rurale en Angleterre, en Ecosse et en Irlande*, M. de Lavergne nous apprend quelle influence bienfaisante répandent autour d'eux les centres manufacturiers de la Grande-Bretagne.

L'Angleterre toute entière doit à son immense capital industriel la première cause de fécondation d'un sol naturellement pauvre. Tandis qu'en France, l'exemple de la Normandie et de la Flandre, ces types achevés de la culture perfectionnée, prouve aux plus incrédules que l'agriculture n'a pas de plus puissant auxiliaire qu'une riche industrie.

L'infériorité de notre pays, au point de vue agricole, tient à une cause plus intime et bien connue. S'il est resté en arrière de ses destinées, c'est qu'il a été victime d'une de ces contradictions de la nature contre lesquelles est appelée a lutter la puissance humaine. Tandis que les montagnes granitiques ne donnent trop souvent qu'un maigre produit pour prix du combat incessant que livre leur industrieuse population aux sévérités du climat et aux difficultés du terrain, la plaine, avec un sol naturellement fertile et un air tempéré, subit la conséquence du défaut capital qui neutralise tous ces avantages. Le manque de pente et la nature argileuse de son sol, de riche qu'elle devrait être, la font insalubre et inféconde. Voilà d'un avis unanime l'obstacle qui a jusqu'ici enrayé notre marche dans toutes les voies du progrès.

Ce n'est pas d'aujourd'hui qu'a été étudié et reconnu le mal dont souffre le Forez ; nos pères l'ont vu et combattu. Tout en payant un tribut de reconnaissance à tant d'hommes estimables qui se sont consacrés à cette œuvre, je ne veux pas m'arrêter à l'histoire d'une lutte qui n'a pas encore eu son heure de triomphe, pressé que je suis d'indiquer la solution entrevue désormais avec certitude.

Une journée comptera pour l'avenir de notre pays ; celle où M. de Persigny, ayant vu l'agriculture Forézienne au rendez-vous qu'elle s'était donnée devant lui, se rendit compte de ses besoins et prit en main sa cause.

Le discours, qu'il nous a laissé pour adieu, a gravé son empreinte dans le souvenir reconnaissant de ses compatriotes, car il contient, avec la formule définitive du problème d'amélioration, les assurances et les encouragements qui vont aujourd'hui se traduire en faits ; citons ses paroles :

« Il vous faut absolument le chemin de fer, » dit-il ; puis il ajoute : « Un autre intérêt, intérêt « considérable, immense, c'est l'assainissement « et la fertilisation de la plaine du Forez. Pour « arriver à ce grand résultat, attendu avec tant

« d'impatience par notre population, il faut trois « choses : l'arrosage, le drainage et le chaulage.»

Il est impossible, n'est-ce pas, de mieux dégager l'inconnue d'une situation, de mieux résumer ce qui nous manque et ce qu'il nous faut.

Je prends la pensée de M. de Persigny dans son sens le plus étendu et je dis : 1° développer la viabilité dans toutes ses branches; 2° obtenir l'assainissement par les fossés d'écoulement, le compléter par le drainage ; 3° fertiliser par les canaux d'arrosement un sol préparé à en recueillir tout l'effet bienfaisant; 4° couronner enfin l'œuvre par une transformation de la nature intime du terrain, en y introduisant l'élément calcaire qui lui manque sur presque tous les points; voilà, dans son ordre logique, le programme qui nous est tracé et que réalisera une coalition légitime de tous les intérêts et de toutes les volontés.

Il nous sera maintenant facile d'étudier rapidement chacune de ces données, puisque nous n'avons plus affaire à des projets vagues, mais bien à des plans complets et a des réalités prochaines.

I.

VIABILITÉ.

La condition élémentaire de tout progrès agricole est, sans doute, une bonne viabilité. Sans elle le mouvement des produits restant difficile, l'augmentation de la production devient impossible, les marchés ne peuvent s'établir, s'approvisionner ni s'écouler; toute amélioration foncière est arrêtée, puisqu'elle repose avant tout sur le transport des amendements et des matériaux encombrants; puisqu'elle correspond à l'emploi d'un matériel perfectionné et des animaux de prix qui exigent une circulation facile.

Les parties jadis les plus arriérées de la France, comme la Bretagne, la Vendée et certaines régions du centre, offrent un exemple de ce qu'on doit espérer : à peine ouvertes et sillonnées, ces contrées, vierges pour ainsi dire, s'éveillent à la vie agricole et industrielle et courent rapidement la carrière de la prospérité. Comment douter du résultat qui sera obtenu en développant le système de circulation dans un pays qui a déjà un si grand mouvement naturel et qui n'attend que la facilité des communications pour rendre féconds ses points les plus deshérités.

Interrogeons donc, sur ce sujet, le présent et l'avenir du département de la Loire ; et, suivant l'image si juste qui assimile le réseau de la circulation commerciale à cet autre réseau qui fait couler la vie dans l'organisme humain, étudions d'abord les grandes artères, pour suivre ensuite les ramifications qui servent les intérêts partiels et locaux.

§ 1. *Canaux.*

Des deux canaux de navigation de la Loire un seul intéresse l'agriculture, celui de Roanne à Digoin (1), qui traverse l'extrémité nord du département sur une longueur de 20 kilomètres ; il est utile à l'arrondissement de Roanne pour le transport des grains, des vins, du bois et de la chaux; cet arrondissement profitera donc des mesures de rachat et de réduction de tarif prises par le gouvernement.

On a mis longtemps en avant l'établissement

(1) Annuaire de la Loire pour 1860, p. 39.

d'un nouveau canal latéral à la Loire en amont de Roanne (1), et traversant toute la plaine du Forez, mais on a dû renoncer à ce coûteux travail dont le service peut être obtenu par des moyens moins dispendieux et qui aurait d'ailleurs difficilement rempli le but principal de l'arrosement.

Il n'y a donc plus à se préoccuper que des canaux d'irrigation, vaste ensemble d'un travail vivifiant que nous aurons à étudier tout à l'heure.

§ 2 *Chemins de fer.*

Grâce à son immense exportation de houille et à son énorme production industrielle, le département de la Loire a eu l'insigne honneur d'avoir le premier chemin de fer construit en France, celui d'Andrézieux, et il fut longtemps seul à être traversé par une double voie ferrée reliant Saint-Etienne à Roanne et à Lyon. Mais aujourd'hui il est loin d'être resté à la tête des autres départements pour la longueur des lignes exploitées ou concédées. Sauf le tronçon de Firminy, aucune direction nouvelle n'est entreprise et les 161 kilomètres (2) de chemins de fer qu'il compte, en y comprenant les

(1) Projet de M. Boulangé, ingénieur en chef du département en 1846.

(2) Annuaire de la Loire pour 1860, p. 38.

embranchements industriels, ne sont que les anciennes lignes rectifiées et améliorées par la grande compagnie de la Méditerranée. Encombrées par l'industrie elles rendent peu de services à l'agriculture, qui se plaint d'ailleurs avec raison (1), de l'élévation des tarifs pour les transports qui la concernent.

L'opinion du pays n'a-t-elle pas raison de réclamer la création de nouvelles lignes qui, satisfaisant les intérêts agricoles, profiteront largement à tous les autres.

Organe fidèle et autorisé de cette opinion, le Conseil général de la Loire a déjà renouvelé un double vœu à cet égard : il sollicite la concession d'une ligne directe de Saint-Etienne à la Méditerranée, d'une importance capitale au point de vue commercial, et il demande, avec une insistance particulière, la prompte exécution de l'embranchement de Saint-Etienne à Montbrison. C'est là, en effet, le chemin agricole par excellence dont M. de Persigny a reconnu l'urgente nécessité.

Destiné à relier le centre d'approvisionnement au centre de consommation, il sera aussi profitable à la population industrielle qui lui devra, avec l'abondance, le bon marché des matières premières

(1) Réclamations des mines et usines contre les tarifs industriels. (Rapport du Préfet à la session de 1859, Annuaire de 1860, p. 139 et 140.)

et des denrées alimentaires, qu'à la population agricole pour laquelle il assurera l'écoulement des fruits de son travail.

Véritable trait d'union de l'agriculture et de l'industrie, il cimentera entre elles l'échange et l'alliance la plus féconde.

Nous ne pouvons nous défendre de poursuivre par la pensée l'avenir de ce chemin fer, continuant à longer la chaîne du Forez, la traversant dans la vallée du Lignon et établissant la communication la plus directe entre Saint-Etienne et Clermont.

Cette ligne, qui a plus qu'une importance locale, servira, dans notre pays, des exploitations agricoles et minérales du plus grand intérêt (1). Mais elle doit encore se compléter par une voie directe sur Lyon, qui, se bifurquant à Boën, ou mieux à Montbrison, couperait transversalement la plaine des deux rives de la Loire. Le caractère de ces différentes lignes aura pour effet immédiat d'appeler sur les propriétés du Forez les immenses capitaux de Saint-Etienne et de Lyon, d'en augmenter la valeur et de leur fournir en même temps l'argent nécessaire à la transformation agricole.

Il doit nous être permis enfin de rêver, pour un

(1) Carrières et mines de la vallée de Saint-Thurin, des montagnes de Saint-Just, et Saint-Martin, de la vallée de l'Aix. (Voir Gruner.)

avenir plus éloigné, l'établissement d'un chemin de fer desservant les exploitations si nombreuses de minéraux que renferme la partie nord des montagnes du Forez et ce bassin de la rive gauche de la Loire qui présente à la fois des gisements si riches d'anthracite et de calcaire (1).

Si l'on nous accuse d'être trop ambitieux dans nos prétentions, nous répondrons avec assurance que, dans ce réseau qui ferait ceinture au Forez, pas une ligne n'est réduite à l'utilité locale et agricole comme celle, par exemple, qu'on fait entrer dans les projets de fertilisation de la Dombes. Toutes, grâce à notre position géographique, font partie des artères principales; toutes ont pour elles la plus sûre garantie de l'exécution, l'intérêt des compagnies et des grandes villes.

Rappelons-nous, d'ailleurs, que proportionnellement à son étendue, la France a quatre fois moins de chemins de fer que l'Angleterre (2), et qu'on

(1) Le département de la Loire, un des premiers par l'importance et la variété de ses productions industrielles dont le transport est très-encombrant (fers et houilles), qui, d'après le recensement de 1856, occupe le troisième rang pour l'augmentation relative de sa population (en cinq ans accroissement de plus de 6 p. %, de 472,588 à 503,260), est cependant à peine au-dessus de la moyenne pour la longueur de ses chemins de fer.

(2) Au 1er avril 1857, M. de Lavergne écrivait : « L'Angleterre a huit fois plus de chemins de fer ouverts que

peut, sans illusion, prévoir le moment où, par une progression normale, nous seront mis en possession de cette première condition de la prospérité.

§ 3. *Routes et chemins.*

Le département de la Loire est largement doté en routes impériales et départementales. Les premières, qui ne touchent qu'indirectement l'ordre d'idée et d'intérêts dans lequel nous devons nous renfermer, offrent cependant une particularité qu'il est utile de faire ressortir (1). Tandis que partout ailleurs elles perdent de leur importance et tendent à être remplacées par les chemins de fer, celles de la Loire se trouvent tout-à-fait en tête sur le classement par degré d'importance des routes françaises (2); deux d'entre elles offrent l'exemple d'une circulation inouie, quoiqu'elles soient ou plutôt parce qu'elles sont parallèles aux

nous, 10,000 kilomètres sur 12 millions d'hectares; tandis que nous n'en avons que 5,000 sur 50 millions d'hectares (L. de Lavergne, *Agriculture et population*). » J'ai donc été modeste en adoptant une proportion qui suppose que depuis quatre ans la France a doublé ses 5,000 kilomètres, sans tenir compte de ce qu'a pu gagner l'Angleterre.

(1) Le département est traversé par six routes impériales, qui ont un développement de 328 kilomètres.

(2) Rapport de l'ingénieur en chef à la session de 1860, p. 11. Elles offrent une fréquentation moyenne de 580 colliers par jour.

deux lignes de chemin de fer, dont l'insuffisance apparaît ainsi d'une manière éclatante.

Quatre cents kilomètres de routes départementales, partagés entre douze lignes, relient aujourd'hui les points principaux de la Loire (1). Nous trouvons dans le dernier rapport si lucide et si complet de M. l'ingénieur en chef, la preuve que ces routes ont aussi une circulation énorme et rapidement progressive, puisque partout elle est double aujourd'hui de ce qu'elle était il y a seize ans (2). Dans ce rapport, nous verrons encore que les ressources abondantes du budget ordinaire suffisant à peine à cet entretien, le département devra réaliser en quatre ans un emprunt de un million et demi pour parer aux travaux urgents de rectification, de réparation et de classement (3).

C'est en ne reculant pas devant les avances faites à son avenir qu'un pays comme le nôtre assure sa marche dans la carrière du progrès.

Si l'agriculture doit beaucoup attendre de ces grandes voies de communication que nous venons de parcourir rapidement, elle a plus encore à demander au service des chemins vicinaux dans

(1) Annuaire, p. 37.

(2) Voir au rapport le comptage des colliers fait l'année dernière et comparé à celui de 1844; 143 contre 232 e moyenne.

(3) Rapport, p. 23.

ses divers degrés. Pour elle tout commence et tout aboutit là. Ici son intérêt est immédiat ; c'est celui de tous les points et de tous les jours, celui de la petite et de la grande propriété.

Avec les chemins vicinaux sont assurés les rapports de commune à commune, du hameau au village, de la maison isolée au hameau, de la ferme aux champs de culture. Aussi la liaison intime qui existe entre la perfection de la voirie communale et le perfectionnement des systèmes et des résultats agricoles est-elle démontrée en fait par l'exemple des contrées les plus avancées et les plus prospères.

Ayons donc le courage de le dire : s'il y a beaucoup de fait dans l'œuvre des chemins vicinaux de la Loire, il reste plus encore à faire. Pour en apprécier le présent et l'avenir, j'ai recours au guide le plus sûr et le plus éclairé, M. l'agent-voyer en chef du département, dans son rapport au préfet présenté à la dernière session du Conseil général. Je n'ai qu'à résumer le tableau si complet qu'il a tracé de la grande et de la petite vicinalité (1).

La première, qui existait à peine il y a vingt ans, présente déjà un ensemble imposant de 23 chemins de grande communication et de 52 chemins d'intérêt collectif.

(1) Voir Annuaire de 1860.

Les chemins de la première classe, formaient au commencement de 1860, un réseau de plus de 500 kilomètres, arrivés pour les 19/20mes à l'état d'entretien. Par contre, ceux de la seconde catégorie, qui dépassent 800 kilomètres, n'ont pas encore obtenu, sur un quart de leur longueur, ce résultat définitif, malgré une dépense totale qui, pour le dernier exercice, atteint à 190,000 francs.

Le système adopté par le Conseil général, et consistant à classer immédiatement le plus de chemins d'intérêt collectif qu'il est possible, a pour effet de répandre de tous côtés la direction et les ressources de l'administration. Si l'on n'arrive pas partout à une viabilité complète, on ouvre ainsi un plus grand nombre de communes placées en dehors du mouvement.

Par un progrès lent mais continu, les lignes les plus utiles s'achèvent et, s'élevant dans la hiérarchie du classement, passent à l'état de routes de grande communication, tandis que parmi celles-ci les plus importantes deviennent départementales.

Mais pour que ce travail progressif donne tout son effet, il faudra qu'après avoir consacré des ressources extraordinaires aux entreprises du service des ponts et chaussées, le département s'impose des sacrifices analogues pour le prompt achèvement de la grande vicinalité.

C'est dans le réseau, j'allais dire le dédale des chemins vicinaux ordinaires, qu'il reste une immense transformation à opérer. Le mouvement est imprimé. Par l'organisation d'un personnel excellent d'agents-voyers, l'application plus sérieuse des prestations en nature, la centralisation des fonds, nous avons fait un grand pas.

Mais il faut qu'à cette impulsion réponde une initiative intelligente des administrations communales, une volonté mieux éclairée des populations ; et alors on verra la plaine et la montagne, intéressées d'ailleurs à se relier aux nouvelles gares des chemins de fer, sortir à l'envi de cette ornière de routine qui fait la honte et le dommage d'un pays.

II.

ASSAINISSEMENT.

En poursuivant dans le département de la Loire les développements de cette condition première, de cette base de toute amélioration, je viens de plaider la cause générale du progrès agricole. J'ai hâte maintenant de pénétrer au cœur même de la question forézienne, pour arriver à cet intérêt spécial que M. de Persigny a bien nommé un intérêt immense, pour étudier, à son double point de vue d'assainissement et de fertilité, la tentative de régénération dont l'heure sonne enfin pour nous.

Demandons à la compétence de M. Gruner la formule du problème. Il nous répondra que : *l'imperméabilité du sol argilo-tertiaire qui constitue essentiellement notre pays de plaine, réagit au même degré sur la salubrité et la fertilité, en s'opposant à l'infiltration des eaux dont l'écoulement est arrêté d'ailleurs par la faible pente du terrain.* Cette maladie chronique, qui atteint les cultivateurs en même temps que les cultures, sollicitait de tout temps l'attention des esprits sérieux et l'effort des volontés habiles qui n'ont pas manqué à notre contrée.

Dans son rapport si remarquable du 2 décembre 1857, où sont résumés les détails de son projet général d'assainissement du 6 avril de la même année, l'honorable M. Graëf passe en revue tous les antécédents historiques de l'état actuel.

La première initiative de l'administration en cette matière remonte à 1825 et appartient à M. de Chaulieu qui, le premier, fit étudier des opérations d'assainissement (1).

Abandonnées puis reprises successivement pendant 30 ans, provoquées par plusieurs Préfets, soutenues par des votes répétés du Conseil général, exécutées par des ingénieurs distingués, dont leur successeur rappelle les travaux avec éloge, ces études n'avaient produit cependant aucun plan d'ensemble et n'avaient abouti encore qu'à des essais reconnus infructueux (2).

(1) Il obtint du Conseil général un crédit de 2,400 francs pour les études et les opérations d'assainissement.

(2) On leur doit cependant un plan nivelé de la plaine du Forez, exécuté de 1853 à 1856 (aux frais du département), et qui a facilité tous les travaux ultérieurs.

Un obstacle, que rencontra l'administration dans l'exécution des réformes qu'elle méditait, devait marquer le point de départ d'une ère nouvelle dans la question d'assainissement.

Considérant l'existence des étangs qui couvrent les parties les plus basses et les plus malsaines de la plaine comme la véritable cause de l'insalubrité, le préfet de la Loire en ordonna la suppression par un arrêté du 4 juillet 1854, basé sur le droit dont l'administration avait été armée par la loi des 11 et 19 septembre 1792. La lutte engagée, à propos de cette mesure, entre l'autorité préfectorale et les propriétaires d'étangs, sur l'atteinte portée à leur droit de propriété par l'interdiction d'un mode de jouissance, fut soumise au jugement du conseil d'Etat.

Mais en prenant la direction administrative du département de la Loire, M. Thuillier, avec ce coup d'œil sûr et cette fermeté conciliante qui ont raison de toutes les difficultés, se proposa d'arriver a une solution amiable de la contestation et de reprendre plus largement l'œuvre d'assainissement.

Sur le terrain commun de l'intérêt général l'administrateur et les propriétaires se rencontrèrent et s'entendirent. Le principe même proclamé par les intéressés, c'est à dire l'impossibilité d'assainir la plaine sans la fertiliser, et de la fertiliser sans l'assainir devint la base d'une transaction qui contenait en germe tous les résultats que nous poursuivons aujourd'hui.

Elle posait avec netteté les trois éléments du travail d'assainissement : 1° dessèchement partiel et volontaire des étangs; 2° curage des cours d'eau, rectification et creusement des fossés maitraux (1), 3° drainage.

§ 1.

Les étangs, de l'aveu de leurs propriétaires, « contribuent pour une part qu'il est impossible soit de nier, soit de déterminer, à l'insalubrité du Forez. »

Si l'on remonte à leur origine, ils n'ont pas été la cause déterminante, mais bien plutôt le résultat naturel de l'état du pays. Car c'est pour utiliser la nature relative du sous-sol qu'on avait dans notre plaine, comme dans les bassins de la Dombes et de la Sologne, transformé les parties les plus basses en étangs qui se multiplièrent bientôt outre mesure, et dans d'autres conditions que les premiers.

Aussi les partisans même des étangs ne les ont-

(1) Ces idées sont remarquablement formulées dans les *Observations présentées au Conseil général de la Loire au nom des propriétaires d'étangs* (1854).

ils jamais considéré que comme un mal nécessaire tant qu'on ne pourra, par un traitement d'ensemble, chercher une guérison complète (1).

Il faut laisser aux propriétaires l'honneur et le profit d'avoir posé la question sur son véritable terrain. Il faut leur rendre cette justice que, dès qu'ils ont vu luire des espérances de transformation sérieuse, ils n'ont plus cherché à soutenir une exploitation qui répond aux besoins d'un autre temps et aux faiblesses d'une culture sans capitaux.

Qu'ont-ils demandé pour compensation de la perte actuelle qui leur est imposée? Une indemnité en nature qui se traduit pour eux en une mise de fonds considérable. Quand l'intérêt particulier est assez éclairé pour faire l'œuvre de l'intérêt général, il mérite un autre nom et peut s'appeler dévouement.

La suppression des étangs insalubres étant admise en principe, et d'accord avec les propriétai-

(1) Un homme, auquel le pays a conservé un fidèle souvenir d'estime et de considération, M. Durand, alors même qu'il élucidait avec toute l'autorité de son expérience les principes de cette ancienne pisciculture, reconnaissait qu'on ne doit mettre ou laisser en étangs que les terres incapables d'un autre produit (Notice sur les étangs, 1834). L'honorable M. Puvis était arrivé aux mêmes conclusions et couronnait son Traité des étangs par la Théorie du desséchement.

res, il fut convenu qu'elle se ferait partiellement, à mesure des travaux qui doivent assurer l'écoulement des eaux; on stipulait la conservation de tous les étangs reconnus nécessaires comme réservoirs pour l'alimentation du bétail, et qui d'ailleurs, entretenus par une prise d'eau régulière, deviennent plus rarement un danger pour la population voisine.

L'ensemble de l'opération d'assainissement fut considéré par le gouvernement, le Conseil d'Etat et l'administration départementale comme rentrant dans le cas spécial des articles 35, 36 et 37 de la loi du 16 septembre 1807, sur le desséchement des marais, c'est-à-dire comme représentant un travail de salubrité publique qui demande le concours de l'Etat, du département et des communes, sauf à celles-ci à faire supporter la contribution par les intéressés. La convention avec M. le Préfet de la Loire avait réglé la part contributive de chacun :

L'Etat, 2/6;
Le département, 1/6;
Les propriétaires, 3/6.

L'avant projet, étudié de suite par les ingénieurs, partagea la surveillance entre neuf syndicats, qui embrassent les deux rives et correspondent aux bassins secondaires des affluents de la

Loire. La commission, qui avait le mandat des propriétaires d'étangs, fut constituée par M. le Préfet en commission centrale d'assainissement et en commission spéciale d'enquête, appelée à donner son avis sur tous les projets de détail.

Le syndicat de la Mare, le premier de la rive gauche sur le cours du fleuve, fut choisi pour inaugurer l'entreprise. Ce commencement d'exécution, qui se poursuit depuis un an sans avoir rencontré d'obstacles sérieux, doit démontrer la possibilité de l'œuvre, la certitude du résultat, de la même façon péremptoire et pratique dont un philosophe démontrait au scepticisme rebelle l'existence du mouvement.

§ 2.

Pour l'étude des cours d'eau à curer et des fossés maîtraux à creuser, je ne puis mieux faire que de renvoyer aux différents rapports de M. Graëf, où les principes et les détails sont traités avec une égale supériorité. Je rappellerai seulement que nous lui devons l'application de cette vérité d'expérience : que tout redressement d'un ruisseau naturel dans le but de mieux ménager l'écoulement, en augmentant la pente, ne peut que bouleverser fâcheusement son régime. C'est pour avoir méconnu cette vérité que les travaux antérieurs ordonnés par les ingénieurs, ont abouti à un résultat inverse de celui qu'on cherchait.

Je constate aussi qu'il a posé le principe bien simple qui doit régir le système des fossés d'écoulement, et qui consiste à les tracer dans les thalwegs de chaque pli de terrain afin de recueillir et d'entraîner toutes les eaux de la surface.

Je ne laisserai pas sans le faire valoir un argument de fait en faveur des fossés d'écoulement. Ceux qui ont été partiellement établis à différentes époques sur certains points du pays ont parfaitement réussi ; je citerai le ruisseau artificiel de l'Alliot, qui, sur une longueur de dix kilomètres (1), a eu un tel résultat d'assainissement qu'il a transformé en terres de première qualité des champs à peine cultivables il y a quelques années.

Si des travaux partiels ont eu ce résultat, il est évident qu'un système d'ensemble, où toutes les branches sont coordonnées et qui se basera sur le nivellement général de la plaine, doit produire l'effet le plus certain et le plus puissant.

(1) Sur les communes de Magneux, Chambeon et Feurs

II.

DRAINAGE.

Il n'est pas besoin, je crois, de revenir sur cet effet mystérieux mais certain du drainage, dont l'efficacité a pris aujourd'hui force de chose jugée et passe en axiome agricole. Il serait même superflu de développer l'importance particulière qu'il a pour notre pays, où une couche arable trop mince repose presque partout sur une base d'argile compacte. Qui songe à le nier? la plaine toute entière et les fonds de vallées de la montagne ont un impérieux besoin du drainage. Il devient la condition de toute amélioration définitive; car sans ce point d'appui les leviers d'une agriculture puissante, défoncement, chaulage et forte fumure ne peuvent donner leur effet sérieux ni durable.

On ne doit pas méconnaître les efforts qui ont

été faits pour naturaliser et faciliter cette amélioration dans le département de la Loire. Depuis longtemps les encouragements de l'administration lui ont été prodigués ; des études, plans et devis gratuits ont été mis à la disposition des propriétaires, d'abord par un ingénieur spécial qui, pendant trois ans de séjour parmi nous, n'a rien négligé pour rendre utile sa mission, puis par des employés du bureau des ponts et chaussées chargés spécialement de ce service.

Cependant, il faut le constater avec M. l'ingénieur en chef, la grande propriété, qui devrait donner ici l'exemple et l'impulsion, n'a pas encore abordé le drainage d'une manière sérieuse, ou plutôt elle s'est vue arrêtée dans cette voie ; car ce n'est pas la bonne volonté qui lui a manqué dans le principe, mais le découragement est venu trop tôt. Les manufactures de tuyaux de drainage, qui s'étaient d'abord multipliées, ont restreint ou cessé leur fabrication. En 1853, grâce au concours de la Societé d'agriculture de Montbrison, avaient été posées les bases d'une société civile qui devait se charger des plans et de la direction des travaux du drainage à forfait et à façon, de la fourniture des outils et des tuyaux, en un mot, qui avait pour but de donner aux opérations du drainage l'impulsion, l'ensemble, la perfection et l'économie désirables.

Une partie du capital était souscrit; cependant elle n'est pas arrivée à fonctionner ni même à se constituer définitivement. Enfin, la dernière enquête faite dans le département sur l'étendue des parties drainées, a donné, pour huit années de travaux, une étendue de huit cents hectares (1), qui paraîtra bien minime quand on pense que le drainage pourrait utilement s'étendre, dans le département, à plus de 50,000 hectares.

Cette marche si pénible, qu'il faut l'appeler un insuccès, tient surtout à l'impossibilité de faire de bonnes opérations dans la plaine du Forez, tant que les moyens d'écoulement y manqueront; car si le drainage est, comme nous l'avons dit, la meilleure condition des procédés de la culture perfectionnée, il a lui-même pour condition essentielle la possibilité de se débarrasser des eaux surabondantes qu'il enlève aux terres trop humides (2).

(1) Surfaces drainées :

		hect.	ares.
de 1852 à 1858	—	585	83.
en 1858	—	125	26.
en 1859	—	109	47.

(Rapport de l'ingénieur en chef à la dernière session, page 32.)

(2) En Angleterre on a recommencé jusqu'à trois fois les opérations de drainage qui avaient échoué. Mais comme dit M. de Lavergne, l'agriculture française n'est pas assez riche pour se permettre de pareilles écoles.

Il est donc permis de croire que l'ouverture des travaux d'assainissement, commencés aujourd'hui, aura nécessairement pour conséquence la reprise des travaux de drainage dans la plaine, c'est-à-dire dans la partie du département qui en a le plus besoin. Alors l'association pourra reprendre avec succès son initiative, et la pratique féconde du drainage, se propageant sans obstacle, deviendra bientôt générale.

III.

IRRIGATION.

Par l'assainissement et le drainage la plaine du Forez sera merveilleusement préparée pour demander à l'irrigation sa toute puissance fécondante.

Une des plus hautes notabilités de la science agricole, M. Edouard Lecouteux, place en tête de toutes les améliorations foncières « celles qui ont « pour but de mettre le sol *en état d'humidité* « *équilibrée, en état d'humidité utile*, de manière à « lui procurer l'eau qui lui manque et a lui en- « lever celle qu'il a de trop. Réaliser ce double « résultat, le premier par l'*irrigation*, le second « par le *drainage* ou le *desséchement*, c'est évidem- « ment mettre la terre autant que possible à l'abri « des excès de sécheresse et d'humidité atmosphé- « riques; c'est augmenter l'aptitude du sol à re-

« cevoir une plus grande masse d'engrais et à « mieux les utiliser ; c'est régulariser la produc- « tion agricole dans ses travaux et ses dépenses, « comme dans ses récoltes et ses revenus (1).

M. de Lavergne, résumant la même idée, en donne une excellente formule lorsqu'il dit : « l'eau « est à la fois le trésor et le fléau de l'agricul- « ture ; il y a autant d'avantage à en fournir aux « sols qui en manquent qu'à en retirer à ceux « qui en ont trop (2) ».

Le triomphe de l'irrigation, il fallait jusqu'ici le chercher dans la Lombardie, cette patrie séculaire d'une riante et plantureuse végétation, avant que les Anglais n'en eussent poussé les procédés à une perfection trop idéale peut-être, par l'invention du système d'arrosement à l'engrais liquide, qui doit fournir directement aux plantes, en même temps

(1) *Agriculture et population*, page 94. L'auteur va jusqu'à dire : « Un jour viendra, je n'en doute pas, où l'industrie humaine suppléera, dans la grande culture, comme elle le fait déjà dans le jardinage, aux caprices de la pluie, et où les végétaux recevront à point nommé, quelque soit l'état du ciel, les arrosages dont ils ont besoin. Dans ce temps-là ont verra des miracles de production. » De cet avenir, quasi-fouriériste, qu'un membre de l'institut prédit à la végétation, on peut dire comme des théories de l'abbé de Saint-Pierre : « C'est le rêve d'un honnête homme ».

(2) *Principes économiques de la culture améliorante*, par Edouard Lecouteux, ancien directeur des cultures de l'institut de Versailles, page 119.

que l'humidité, les principes azotés de la fumure.

Plus près de nous, en France même, nous possédons des exemples remarquables d'immenses travaux d'irrigation jetés au milieu des campagnes. Telle est, par exemple, la plaine du comtat Venaissin. Ces localités, dit encore M. Lecouteux,
« ce sont les oasis du désert; c'est la végétation
« éternelle au milieu des sables. Espérons que ces
« pénibles contrastes cesseront bientôt.

Ils cesseront, et notre plaine du Forez sera l'un des premiers et des plus brillants exemples de cette transformation. Son agriculture besogneuse et embarrassée trouvera dans l'irrigation le point de départ du progrès, le moyen de sortir du cercle vicieux où se renferme toute culture arriérée.

L'établissement des prairies naturelles sur un sol et sous un climat qui leur conviennent, ayant pour conséquence immédiate la multiplication du bétail, deviendra la base de toutes les autres productions. Et ainsi l'arrosement profitera en définitive à la quantité et à la qualité, à la variété des produits même auxquels il ne s'applique pas directement.

Je demande encore à donner sur ce point capital les paroles du même auteur que j'ai déjà cité et qui jouit en ces matières d'une autorité toute spéciale.

« La production du bétail doit être dans le « midi l'une des sources les plus fécondes de la « richesse agricole. Rien n'égalera jamais le pro- « duit des prairies arrosées sous les climats « chauds. Qu'à force d'industrie les pays du nord « aient remplacé leurs prés par des luzernes, des « vesces, des racines sarclées, ils ont en cela subi « l'influence d'un climat moins favorable à la pro- « duction herbagère. Mais sous un ciel serein versez « l'eau de quelques fleuves et bientôt, presque par « la seule force de la terre, d'immenses tapis de « verdure s'étendent dans les plaines, et ces tapis « ce sont des prairies que la faulx ne semble « détruire que pour les faire renaître plus abon- « dantes. Où donc trouver des positions plus « favorables à l'éducation du bétail ? Et avec ces « premières conditions de fourrage et d'engrais à « bon marché est-il permis de supposer que, dans « ces contrées privilégiées, la culture des céréales « et des plantes commerciales restera sans profit « pour ses entrepreneurs ? Evidemment non (1).

Cette opinion exprimée pour une contrée plus méridionale a cependant son entière application chez nous.

J'ai insisté sur ces considérations générales

(1) *Annales de l'agriculture française*, 1844, article de M. Lecouteux, alors directeur de l'établissement agricole de *Lesegno*.

croyant qu'il y avait grand intérêt à faire ressortir l'immense effet que doit amener avec lui un système complet d'irrigation. Arrivons maintenant aux moyens d'exécution mis en avant pour le réaliser.

Je puise toutes ces données soit dans le chap. III du rapport de l'ingénieur en chef sur le service des ponts et chaussées du 3 juillet 1860, soit dans le rapport spécial que M. Graëf a présenté, le 26 août, au Conseil général de la Loire sur l'irrigation de la plaine du Forez, rapport accompagné d'une carte où sont tracés tous les canaux et leurs artères.

Je reproduis le plus exactement possible les expressions de leur auteur, convaincu qu'il serait difficile de trouver, pour rendre ses idées, une forme plus sûre et plus précise que la sienne.

Le travail que nous offre aujourd'hui M. Graëf n'est point le projet définitif. Celui-ci nous sera donné dans quelques mois. C'est le résultat d'une étude approfondie faite sur le terrain depuis deux ans et qui permet d'établir un plan d'ensemble du réseau avec les estimations approximatives de la dépense. Elle s'applique à plus de 200 kilomètres, canal principal et artères, et voici le système adopté.

Trois canaux principaux sont nécessaires pour

assurer l'arrosement de la partie de la plaine qui se trouve sur la rive gauche de la Loire.

Le premier et le plus important partirait de la Loire au moulin Joanade, un peu en amont de Saint-Rambert. Il suivrait la ligne de faîte qui traverse la plaine pour aller vers Montbrison et de là vers le Lignon qu'il rejoindrait près de Montverdun, après avoir tourné et longé le mont d'Uzore légèrement au-dessus de sa base. Il doit épuiser les six mètres cubes d'eau que l'on peut prendre par seconde dans la Loire (1). Huit artères se souderaient au canal principal sur tous les faîtes secondaires (2). La surface dominée par ce canal et ses artères est de 26,000 hectares, mais on n'admet comme devant être irrigués que 15,000 hectares.

Au-delà du Lignon, l'irrigation ne pourrait être assurée que par un réservoir à établir sur ce cours d'eau beaucoup en amont de Boën, et qui

(1) Voir la note *C*.

(2) Se jetant dans la Mare.	1° de l'Hôpital. 2° des Tourettes. 3° de Grézieu.
Dans le Vizezy, et Lignon.	4° de Magneux et Poncins. 5° de Savigneux. 6° de Vaugirard 7° de Mornand. 8° de Montverdun et Poncins.

a été étudié pour le service des inondations. Pour distribuer les eaux qui seraient fournies par ce réservoir, il suffirait de faire partir du Lignon ainsi alimenté une rigole principale qui, se partageant d'abord en deux branches dont l'une rejoint l'Aix près de Saint-Germain, amènerait les eaux, au moyen de quatre petites artères, sur tout le plateau qui s'étend de Boën à la Loire.

Enfin pour achever l'irrigation de la rive gauche de la Loire, une rigole pourrait être dérivée de l'Aix, elle n'a été portée que pour mémoire au devis.

En ce qui concerne la rive droite de la Loire, l'irrigation n'y est possible qu'au moyen d'un réservoir sur la Coise plus haut que Saint-Galmier, dont le projet de détail a été dressé pour le service des inondations. Un canal principal se détacherait, immédiatement au-dessous de Saint-Galmier, de la Coise régulièrement alimentée par le réservoir; il irait rejoindre la Loire à Balbigny, se reliant au fleuve par quatre artères à peu près parallèles.

J'ai groupé dans une note, et textuellement extrait du rapport qui me sert de guide tous les chiffres qui concernent les travaux d'irrigation, en les rapprochant, d'après M. Graëf, de ceux qui regardent l'assainissement. J'ai pensé qu'ils auraient leur intérêt parcequ'ils avaient leur éloquence (1).

Il résulte de ces tableaux que dix millions de dépense rendront une valeur de plus de quarante millions. Je veux donner une seule preuve frappante de la prudence apportée dans ces évaluations. Elle est tirée du chiffre des plus values qui est la base de tout le calcul. La plus value de 300 francs par hectare, établie avec le concours de la Société d'agriculture de Montbrison, pour l'assainissement, n'a certes rien d'exagéré. Estimer à mille francs l'hectare la plus value qui résultera de l'irrigation c'est être modeste, convenons-en ; car nous savons tous que, dans l'état actuel, si l'on compare dans des conditions analogues les terres et les prairies, la valeur de vente des premières variera de 500 à 3,000 francs, tandis que le prix courant des secondes, qui descend rarement à 3,000 peut s'élever jusqu'à 8,000 francs quand elles sont régulièrement arrosées.

Reste la grande et délicate question des voies et moyens qui, comme le dit M. Graëff, sera plus difficile à résoudre que la question d'art. Il ne m'appartient pas de la discuter complètement mais j'indiquerai les systèmes et les solutions possibles.

Une idée bien naturelle qui s'est présentée la

(2) Voir note *D*.

première est celle d'une compagnie se chargeant de l'entreprise à ses risques et périls, mais exigeant évidemment le concours de l'Etat et du département sous forme d'une subvention importante ou ce qui est plus probable d'une garantie d'intérêt. L'ingénieur en chef qui indique ce moyen comme le plus pratique, calcule que d'après les prix de revient, la compagnie ne pourra exiger de l'eau un prix annuel supérieur à celui de 30 francs par hectare, qui couvre intérêt, amortissement, frais d'entretien et bénéfice des concessionnaires. Pour la formation de cette compagnie, M. de Persigny a solennement offert son patronnage dévoué. Si le système de la concession à une association financière pouvait se réaliser; il est certain qu'il ferait supporter peu de charges immédiates et courir peu de chances aux intéressés.

Il existe une combinaison plus nouvelle et plus radicale, elle consiste à assimiler par une loi l'irrigation à l'assainissement, en le faisant rentrer dans les conditions du concours prévu par les articles déjà cités de la loi de 1807. De même que pour l'assèchement, on organiserait le pays en syndicats et ces syndicats centralisés emprunteraient au crédit foncier la somme totale de la dépense, les charges de l'annuité devant être réparties entre tous ceux qui concourent au syndicat. L'association pourrait livrer les travaux à l'adjudication partielle ou traiter avec une compagnie qui prendrait l'entreprise et même la ferme du canal. Il est évident que la mutualité, étant le principe des syndicats, on pourrait arriver, après l'extinction des charges, à livrer l'eau sans autre contribution que les frais d'entretien et de surveillance.

Cette combinaison, paraît satisfaire un principe de justice absolue, puisqu'elle fait incomber le paiement à ceux qui profiteront du bénéfice; elle donne la possibilité de commencer immédiatement les travaux, la certitude de trouver le capital nécessaire en puisant dans la bourse des contribuables de l'association ; mais d'un autre côté elle fait craindre l'arbitraire et les violences d'une contribution forcée.

D'après un troisième système cette œuvre, considérée comme œuvre d'intérêt départemental et de plus comme une opération fructueuse, deviendrait une entreprise et une propriété du département qui en prendrait la responsabilité à la place de l'Etat ou des propriétaires. Combinant cette idée avec celle de la concession, on peut supposer le département livrant le canal à construire à une compagnie moyennant garantie, mais, en compensation, avec partage des bénéfices au-delà d'une certaine limite et retour de jouissance à l'expiration d'un long terme.

Service des inondations et de la navigation fluviale.

Dans l'ensemble des travaux projetés que nous venons d'étudier au point de vue de l'irrigation, il en est qui doivent remplir avec ce but celui de moyens préservatifs contre les inondations, tels sont les réservoirs du Lignon et de la Coise, destinés en cas de crues à régulariser par une immense retenue d'eau le débit de l'affluent principal de chaque rive. Pendant que le projet de détail de ces réservoirs était dressé par les ingénieurs, un barrage analogue sur le Furens au-dessus de Saint-Etienne, était exécuté avec une large subvention de l'Etat dont le concours ne fera sans doute pas défaut aux autres travaux de même nature (1).

Sur les rives même du fleuve, la zône la plus fertile du pays doit être préservée des ravages périodiques de l'inondation par un système d'enrochement combiné avec des levées transversales, sur le modèle de la célèbre digue de Pinay. La rive droite est aujourd'hui presque partout défendue par des travaux ou par les dispositions naturelles du sol. Sur la rive gauche, les syndicats

(1) Voir Rapport général de l'ingénieur, page 34.

organisés depuis 1856. au nombre de cinq, exécutent dans ce moment même des dépenses sérieuses, malgré la faiblesse désespérante des crédits qui leur sont alloués, mais grâce au concours du crédit foncier qui devient la planche de salut des associations syndicales.

Au système préservatif contre les inondations se rattache enfin le reboisement des montagnes, qui n'aura nulle part une plus utile application que dans notre département. Les flancs granitiques de la chaîne du Forez, sur beaucoup de points trop dénudés et trop pauvres en sol végétal pour la production des céréales, seront utilisés avec avantage par la culture forestière. Il est donc à désirer qu'usant des dispositions de la nouvelle loi votée dans ce but, on encourage sur nos montagnes la reproduction des essences résineuses, qui leur conviennent spécialement et dont elles se sont trop dépouillées.

IV.

CHAULAGE.

Je voudrais conclure cette étude du problème d'amélioration qui m'a entraîné à des développements imprévus, mais il me reste quelques mots à dire du dernier terme de ce problème, le chaulage.

Si, comme le dit M. de Persigny, l'amendement calcaire enfante des miracles sur un sol granitique, il ne féconde pas moins les terrains de silice et d'argile et convient, par conséquent, à la presque totalité de notre pays. Son action doit compléter l'assainissement, car la chaux, par l'activité qu'elle donne à la végétation, par la faculté absorbante qu'elle communique à la terre, contribue puissamment à la salubrité ; et, suivant l'heureuse expression de M. de Persigny, elle est pour nous plus que la richesse, elle est la santé.

Appliquée depuis longtemps en Angleterre, l'introduction artificielle de la chaux dans le sol a fait en France, depuis trente ans, de rapides progrès. Il est à remarquer que de toutes les améliorations agricoles, le chaulage est celle qui a peut-être mieux pénétré dans les masses, quoiqu'elle ne soit ni la plus facile ni la moins coûteuse. Le cultivateur, sans s'inquiéter des phénomènes chimiques qu'il ignore, a été frappé de l'effet produit par cet amendement sur le sol et sur les plantes. Sous cette impression, il a même quelquefois méconnu les lois de la prudence, oublié que si le chaulage énergique n'est pas combiné avec le défoncement et les fortes fumures, il peut épuiser la terre. De là le proverbe qui a cours en quelques pays : *la chaux enrichit les pères pour appauvrir les enfants.* Mais il n'aura pas de longtemps son application chez nous, car au cultivateur forézien ce n'est pas la modération qu'il faut prêcher, c'est l'usage.

Pourquoi la chaux n'est-elle pas plus employée dans le Forez? parcequ'elle est rare et chère. On ne peut pas dire des principes fertilisants qu'il les faut *à tout prix* à l'agriculteur ; c'est au contraire pour lui une question de prix et un calcul de bénéfices. Dans l'état actuel, il nous est difficile de tirer beaucoup de chaux des contrées voisines qui l'ont en abondance, car, pour une matière aussi encombrante, les frais de transport sont écrasants, surtout avec les tarifs exhorbitants que conserve, malgré toutes les réclamations, la ligne du Bourbonnais.

Il faut qu'une large exploitation en vue de l'agriculture s'organise dans le pays même. Ce résultat est possible, car si la plaine du Forez ne mérite pas tout à fait le nom de plaine calcaire de Montbrison que lui donne Arthur Young, sur la foi de La Mettrie, nous possédons sur plusieurs points des terrains tertiaires ou de transition, des gisements de calcaire suffisamment riches pour donner une exploitation fructueuse.

Les seules carrières en pleine activité d'extraction sont celles de Sury. La chaux qu'elles fournissent, absorbée d'ailleurs pour les constructions de Saint-Etienne et d'un rayon étendu, est en grande partie hydraulique et par suite d'une qualité médiocre pour l'amendement, quoique son effet soit réel et durable. Un banc calcaire de même formation se prolonge sous la plaine qu'il affleure dans les communes de Prétieux, Chalain et Savigneux. Ces affleurements, non plus que celui de Marcoux, n'ont jamais donné lieu à une exploitation sérieuse et n'alimentent plus aucun four. La masse de marbre calcaire qui existe dans la partie nord de la chaîne du Forez et dont les carrières sont ouvertes dans la vallée de l'Aix à Saint-Juliend'Oddes, dans celle du Lignon à Champolly, sur le plateau à Grésolles, fournira à l'avenir une excellente chaux à l'agriculture quand les voies de communication auront rendu cette région abordable. Enfin des gisements très intéressants existent à portée des mines d'anthracite sur la rive gauche de la Loire, comme sur la rive droite, ou les carrières de Nérondes et Balbigny alimentent une exportation assez importante.

Pour donner toute sa puissance de production à cet ensemble de richesses minérales déjà privilégié par le voisinage du combustible, il suffira du perfectionnement de la viabilité qui appellera les capitaux industriels à en organiser l'exploitation.

Sur l'avenir économique qui est assuré à la fabrication de la chaux pour l'agriculture, écoutons M. Gruner :

« Les carrières, quoiqu'assez nombreuses, sont « encore peu étendues ; mais leur importance « grandira le jour où la chaux sera largement « appliquée à l'amendement des terres, à l'imita- « tion de ce qui se pratique avec des avantages « si marqués dans l'ouest de la France. Jusqu'à pré- « sent on ne voit nulle part dans le département « de la Loire ces fours gigantesques de 12 à 15 « mètres de hauteur, comme il en existe un très-

« grand nombre aux environs d'Angers et dans
« la Vendée, produisant par 24 heures 150 à 200
« hectolitres de chaux. Ceux de notre départe-
« ment n'ont pas au-delà de 3 mètres et ne four-
« nissent guère plus de 25 ou 30 hectolitres en
« moyenne ou 40 hectolitres au maximum par
« 24 heures. Pour 100 hectolitres de chaux, on
« brûle 40 ou 45 hectolitres de houille ou d'an-
« thracite, tandis que les grands fours de l'ouest
« ne consomment pour le même volume que 25
« ou 30 hectolitres de houille anthraciteuse des
« mines de l'Anjou (1). »

La chaux fournie à bas prix aux cultivateurs a produit dans cette partie de la France une véritable révolution agricole. Ainsi dans plus d'un canton de l'ancienne Vendée, on peut admirer de magnifiques récoltes céréales ou fourragères sur des terrains occupés autrefois par la bruyère et qui gardent encore, sans le mériter, leur vieux nom de landes (2). Mais sans aller chercher loin les exemples, dans notre département même, depuis quelques

(1) Gruner, page 558.

(2) Le canal de la basse Vire (Manche), sur un parcours de quelques lieues, a transporté en 1847, plus de 16,000,000 kilogrammes de chaux presqu'entièrement employés sur les terres. La consommation annuelle du seul département de la Manche s'élève probablement à plusieurs centaines de millions de kilogrammes (*Chimie agricole*, par Isidore Pierre, page 169).

années, la plaine au-delà de Roanne, grâce à un large emploi de la chaux qui lui est fournie par de nombreuses exploitations, a vu se modifier profondément sa culture et avec elle la richesse et la salubrité.

Voilà notre avenir. Sachons le gagner.

CONCLUSION.

§ 1er *L'esprit du Forez.*

Si l'on me demande pourquoi j'ai écrit ces pages, je dirai qu'elles n'ont pas seulement pour but de développer un plan d'amélioration qui se recommande par lui-même, mais encore et surtout de stimuler l'opinion et la bonne volonté du pays. La conclusion pratique que je voudrais en tirer c'est une initiative de la propriété individuelle répondant à l'initiative de l'Etat.

En France, il est vrai, les grandes idées et les grands progrès ne se peuvent réaliser, comme en Angleterre, par les seules forces de l'association particulière livrée à elle-même. Chez nous, l'impulsion et la direction du Gouvernement sont nécessaires, et cela par une raison bien simple : parce que l'esprit public, le sentiment instinctif des masses sont dominés à leur insu par cette idée qu'il nous faut un gouvernement assez éclairé pour saisir nos aspirations, une administration assez habile pour satisfaire nos besoins en les prévenant, en un mot que le pouvoir social doit faire les affaires de la société et marcher toujours à sa tête.

Ce n'est pas à dire cependant que dans une entreprise si intéressante pour une province, ses habitants n'aient pas à jouer, comme individus ou membres des associations d'intéressés, le rôle le plus important.

Pour en obtenir ce concours, je fais un appel plein de confiance à l'esprit traditionnel du pays.

Le Forez a droit d'être fier de ses grands hommes d'autrefois ; car ils sont bien a lui, les d'Urfé qui maniaient la plume aussi noblement que l'épée, les Papon, poëtes et légistes, Henrys le jurisconsulte, le théologien du Guet, enfin, son savant et modeste historiographe, le bon chanoine de La Mure. Tous ont religieusement gardé le culte du sol natal. A leur exemple, le Forézien d'aujourd'hui qui, lui aussi, sait aimer, servir et même chanter son pays, conserve, dans les qualités sérieuses de son caractère, le patriotisme dévoué des hommes de l'ancien temps. L'intérêt ne sera pas pour lui un mobile suffisant, mais il apportera aussi le dévouement dans l'œuvre commune qui doit assurer au Forez toute sa riante fertilité.

Pour centraliser cette opinion, véritable point d'appui de l'entreprise, pour assurer à celle-ci l'unité et la popularité qui seules peuvent la rendre fructueuse, il serait possible, ce me semble, d'organiser dans notre département une commission supérieure embrassant dans ses fonctions consultatives l'ensemble du travail de transformation, quelque chose d'analogue à ce comité central de la Sologne où les sommités de la science siègent à coté des représentants de la propriété.

§ 2. *Le présent gage de l'avenir. — Foi et patience.*

L'état et les dispositions de l'agriculture dans le Forez sont un sûr garant de son avenir ; car, si les efforts constants de l'action individuelle dans la voie du perfectionnement eussent suffi pour l'amener à son but, il serait sans doute atteint aujourd'hui. Société d'agriculture et des comices groupant les lumières, ferme-école soutenue avec persévérance et dirigée avec habilité, encouragement au drainage, introduction d'instruments nouveaux, concours largement rémunérés, courses et production chevaline importées au milieu d'une population ignorante encore des émotions du *turf*.

On peut dire que tout avait été tenté jusqu'ici en dehors de ces grands travaux d'utilité publique qui modifient les conditions même du pays. Enfin la constitution de la propriété sur toute l'étendue de la plaine complète les conditions favorables du progrès.

J'éprouvais il y a peu de jours un vif plaisir en relisant dans une publication vieille de 17 ans, le travail d'un homme que l'agriculture forézienne se fait honneur de compter à sa tête. M. du Chevalard y démontre aux possesseurs du sol, dans un langage plein de charme et d'éloquence que leur intérêt, leur devoir et leur jouissance sont attachés à la culture directe et a l'amélioration de leurs terres. Comme ses préceptes, ses exemples ont été suivis. De tous côtés se sont multipliées les exploitations des grands propriétaires dont les plus remarquables inaugurent ou continuent, au plus grand profit du pays, l'emploi d'un outillage perfectionné et l'introduction d'un sang précieux qui doit remplacer et régénérer nos races appauvries. Lors donc que l'assainissement, l'irrigation et l'amendement seront devenus le point de départ d'une position toute nouvelle pour notre agriculture, on peut compter que l'heureuse contagion de ces exemples gagnant tous les propriétaires, le capital prenant résolument le chemin de l'exploitation foncière, le Forez deviendra comparable en richesse agricole aux contrées les plus avancées.

Si je prêche à mon pays la foi en son avenir, cette foi qui pousse en avant et fait triompher des obstacles, je me permets aussi de lui recommander en finissant cette patience énergique qui prévient le découragement et fait victorieusement traverser les épreuves.

L'œuvre de la fertilisation qui se presente aujourd'hui sous de si heureux auspices, n'en est pas moins une œuvre complexe, laborieuse et nécessairement longue. Quand il s'agit de transformer un pays c'est encore le temps qui joue le principal rôle ; ce temps qui est de l'argent, disent les Anglais, mais qui est encore de la puissance, car lui seul peut avoir raison de bien des obstacles. Ici pas de coup de théâtre, pas de changements à vue. Il n'y a de possible en ce genre que les fermes et les villages de carton que la baguette magique de Potemkin faisait surgir aux regards enchantés de la grande Catherine. Les seuls miracles que nous puissions espérer sont des miracles de patience.

C'est à ce point de vue élevé qu'il faut envisager nos destinées. L'heure propice du présent n'a de valeur que comme un anneau de la grande chaîne du progrès. Travaillons pour nos neveux et la génération qui nous presse déjà nous paiera du moins par un souvenir reconnaissant. Notre rêve, c'est le rêve religieux du poëte. Comme lui, nous disons à la terre du Forez :

Toi dont le vieux granit survit à tous les marbres,
Terre où nous dormirons dans l'éternelle paix,
Fais sur nous verdoyer les gazons plus épais,
Fais dans l'air frémissant chanter tes plus grands arbres.

(Laprade. *Au pays de Forez.*)

NOTE A.

Ce précieux ouvrage, qui doit s'augmenter au profit de l'industrie d'un second volume sur le bassin houillier, renferme dès aujourd'hui une monographie géologique et minéralogique du département de la Loire, complète au point de vue agricole. Résultat des longues et savantes études faites dans les meilleures conditions par l'homme le plus capable sans doute d'un pareil travail (M. Gruner a été longtemps directeur de l'école des mines à Saint-Etienne), il est digne des encouragements que le Conseil général a donné à sa publication et de la perfection typographique qu'il doit à l'Imprimerie impériale.

Constitution physique du Forez rattachée à celle des contrées voisines; analyses scientifiques des différentes formations qu'il renferme étudiées avec l'influence de la nature des roches sur l'orographie, l'hydrographie et la nature agricole du sol; description spéciale et détaillée des principaux districts où se rencontrent les différents terrains; enfin fixation de leur âge et des soulèvements qui les affectent, toutes ces questions y sont traitées avec une élégante clarté.

Tous nous y trouvons un puissant intérêt; car si mon ignorance de simple cultivateur reste au-dessous des discussions purement scientifiques et des théories de cosmogonie, je sais apprécier et je puis m'assimiler l'analyse des terrains sur lesquels je travaille, comme la description des roches et des minéraux utiles renfermés en si grand nombre dans les montagnes du Forez et dont M. Gruner traite longuement l'exploitation actuelle ou possible.

Trois choses qu'il développe en détail me paraissent intéresser au plus haut degré l'agriculture forézienne. Ce sont : « 1° l'influence sur la végétation de la nature granitique ou porphirique de presque toutes les montagnes du Forez et la manière dont leur terrain se comporte; 2° l'étude au point de vue de la fertilité et de la salubrité du terrain tertiaire de la plaine ; 3° Enfin la description des gisements calcaires répandus sur plusieurs points et dans divers terrains, qui doivent jouer un rôle si important dans l'œuvre d'amélioration.

Je n'ai pas la prétention de donner ici une analyse de cet ouvrage, je veux seulement engager les esprits sérieux qui portent un intérêt actif au sort de notre pays, à puiser à cette source les renseignements qui doivent éclairer leur marche.

NOTE *B*.

Voyages en France d'Arthur Young pendant les années 1787, 1788, 1789, nouvelle traduction de M. Lesage, précédée d'une introduction de M. Léonce de Lavergne.

Cet ouvrage où les impressions d'un esprit aussi original que cultivé sont développées dans un récit riche d'observations judicieuses et piquantes, se complète par des considérations générales sur l'agriculture française du plus vif intérêt. Si quelques-unes sont discutables comme la théorie que nous combattons, celle encore qu'il faut bien passer à l'agronome anglais sur les avantages exclusfs de la grande culture, celles qui. répondant au conditions de l'ancien régime, n'ont plus de sens aujourd'hui, la plus part cependant de ses chapitres, principalement ceux qui traitent des irrigations, des prairies et des rotations, du capital employé en agriculture mais surtout de la législation sur le commerce des grains présentent un caractère de justesse et même d'actualité qui étonne profondément. Des comparaisons qu'il fait avec une entière bonne foi, on doit conclure qu'en de çа de la révolution et à trois quarts de siécle de distance, l'Angleterre avait déjà sur nous, par les idées et par les faits une grande supériorité agricole.

C'est sans rancune que je donne ces éloges à Arthur Young, car il a peu étudié et bien mal traité notre pays dont il parle deux fois en comprenant le Forez dans le Lyonnais. « Le Lyonnais est montagneux et, pour ce que j'en ai vu, pauvre, pierreux, rude et inculte. (T. 2, page 17.) Et plus tard, toujours dominé par ses préventions : tout le monde, dit-il, sait les importantes fabriques qui se trouvent à Lyon ainsi qu'à Saint-Etienne.... De toutes les provinces de France, dit M. Roland de la Platière, le Lyonnais est le plus misérable. Ce que j'en ai vu ne me dispose pas à parler à l'encontre (idem page 388). »

C'est du reste le sort du Forez d'être apprécié en courant par les voyageurs agronomes. Dans son rapport de 1857 à l'académie des sciences morales et politiques M. Léonce de Lavergne le traite avec une légèreté singulière qui a déjà été relevée.

NOTE *C*.

M. Duchevalard que l'on trouve toujours sur la brèche, chaque fois qu'il s'agit d'éclairer et d'entraîner l'opinion sur une question d'intérêt général pour le Forez, publiait, en 1848, un excellent article à propos du canal de la Loire au Lignon, projeté par M. Boulangé qui se rencontre avec M. Graëf dans ses calculs relatifs à l'arrosement de la plaine.

Quelques années auparavant un homme qui, par ses études et sa position fait autorité en ces matières, M. Nadaud de Buffon dans *son traité théorique et pratique de l'irrigation*, constatait que l'irrigation régulière existe en France pour 94,600 hectares répartis entre quatorze départements, tous placés sur le versant des Pyrennées ou celui des Alpes. Les projets que nous venons d'étudier ajouteraient un quart à ce total et placeraient la Loire avec ses 30,000 hectares arrosés en tête de tous les départements français sous le rapport de l'irrigation.

NOTE *D*.

SURFACES A ASSAINIR ET A IRRIGUER.

Dépenses d'assainissement et d'irrigation.

SUPERFICIE totale.	SUPERFICIE dominée par les canaux d'irrigation.	SUPERFICIE minima que l'on adopte comme devant être IRRIGUÉE.	DÉPENSE des travaux d'assainissement.	DÉPENSE par hectare ASSAINI.	DÉPENSE des travaux d'irrigation.	DÉPENSE maxima par hectare irrigué.
		1° Rive gauche de la Loire.				
hect. 43,411	hect. 36,600	hect. 21,600 *	fr. 897,000	fr. c. 20 66	fr. 6,340,000	fr. c. 293 51
		2° Rive droite de la Loire.				
18,099	13,500	6,000	953,000	52 66	2,350,000	391 66
		TOTAUX ET MOYENNES.				
61,510	50,100	27,600	1,850,000	30 07	8,690,000	314 85

* Canal de la Loire.	15,000 hect.
id. du Lignon.	5,400 id.
id. de l'Aix,	1,200 id.
TOTAL	21,600 hect.

Canaux d'irrigation. — Surfaces irrigables. — Dépenses.

INDICATION DES TRAVAUX.	SURFACE A ASSAINIR.	SURFACE ARROSABLE **	DÉPENSE.
	57,072 *	hect. ares.	1,850,000
Canal d'arrosage de la Loire au Lignon.		26 000	4,510,000
Canal d'arrosage du Lignon.		9 400	930,000
Canal d'arrosage de l'Aix		1 200	150,000
Canal d'arrosage de la Coise à Veauche et à Balbigny		13 500	1,700,000
		50 100	9,140,000

* Ce chiffre ne contient pas le syndicat de l'Aix qui est de 4,438, ce qui donnerait bien comme à l'autre tableau 61,510.

** On entend ici par surface arrosable toutes les surfaces dominées par les canaux d'arrosage.

Calcul du débit que doivent donner les réservoirs du Lignon et de la Coise et des superficies irriguées par ces canaux.

1. LIGNON

Avec 48 mètres de hauteur, il a une réserve permanente : de 4,500,000 mètres cubes.

Les versants en amont ayant une superficie de 121 kilomètres carrés,

La hauteur minimum d'eau qui tombe dans ces régions étant de 0 m. 80 c,

Le cube annuel fourni par la pluie est de 96,800,000 m. c.

A déduire.
1 Perte de moitié par évaporation, imbibition et débordement de 48,400,000 m. c.
2 Debit normal des usines, à 0 m. 60 c. par seconde annuellement 20,000,000 m. c.

Reste pour l'irrigation 28,000,000 m. c.

Il faut pour les utiliser que *le réservoir* se remplisse six fois dans l'année.

Supposant une hauteur totale d'eau de 0 m. 50 c. par hectare répartie en cinq arrosages de 0 m. 10 chacun, la surface irrigable sera de 5,400 hectares, chiffre porté dans les projets.

2. COISE.

Hauteur du réservoir, 42 m. Capacité, 3,000,000 m. c.

0m30 c. d'eau tombée sur 160 kilomètres carrés de versants, donne un cube total de 128,000,000 m. c.

Déduction. 64,000,000 m. c. de perte. 16,000,000 pour les usines.

Les 40,000,000 m. c. qui restent pourraient irriguer avec le même nombre d'arrosage et la même hauteur d'eau 9,600 hectares.

Les projets n'en portent que 6,000

Récapitulation de l'ingénieur en chef pour les dépenses évaluées par le service hydraulique et celui des inondations.

PREMIÈRE PARTIE. — ASSAINISSEMENT.

1. Rive gauche de la Loire.

	superficies.	DÉPENSES. partielles.	DÉPENSES. totales.
Syndicat de l'Aix	4,438		
Syndicat de l'Onzon . . .	6,992	52,000	
Syndicat du Lignon . . .	6,860	30,000	
Syndicat du Vizézy . . .	11,809	275,000	
Syndicat de la Mare . . .	13,312	540,000	
TOTAUX	43,411	897,000	897,000

2. Rive droite de la Loire.

Syndicat du Chanasson .	2,762	128,000	
Syndicat de la Loire. . .	5,024	222,000	
Syndicat de la Terranche.	3,119	178,000	
Syndicat de la Coise. . .	7,194	425,000	
	18,099	953,000	953,000
TOTAL de l'assainissement			1,850,000

DEUXIÈME PARTIE. — IRRIGATION.

1. Rive gauche de la Loire.

Canal de la Loire au Lignon et Artères. . .		4,510,000	
Canal du Lignon	930,000		
Part des propriétaires dans la construction du réservoir.	750,000		
TOTAL pour le canal du Lignon	1,680,000	1,680,000	
Canal de l'Aix		150,000	
TOTAL pour la rive gauche.		6,340,000	6,340,000

2. Rive droite de la Loire.

Canal de la Coise.	1,700,000		
Part des propriétaires dans le réservoir . . .	650,000		
TOTAUX	2,350,000	2,350,000	2,350,000
TOTAL de l'irrigation			8,690,000
TOTAL de l'assainissement d'autre part.			1,850,000
TOTAL général			10,540,000

Calcul des plus-values minima obtenues par les dépenses d'assainissement et d'irrigation.

1. Rive gauche.

43,411 hect. assainis à 300 f. de plus value par hect	13,000,000	34,500,000
21,600 hect. irrigués à 1,000 f. de plus value par hect.	21,600,000	

2. Rive droite.

18,099 hect. assainis minima plus value de 300 f.	5,429,700	11,429,700
6,000 hect. irrigués minima plus value de 1,000 f.	6,000,000	
		46,029,700

DÉPENSES.

1. Rive gauche.

Assainissement	897,000	7,237,000
Irrigation.	6,340,000	

2. Rive droite.

Assainissement	953,000	3,303,000
Irrigation	2,350,000	
		10,540,000

RAPPROCHEMENT.

Dépense de la rive gauche.	7,237,000
Plus-value id.	34,600,000
Dépense de la rive droite	3,300,000
Plus value id.	11,423,700

MOYENNE GÉNÉRALE.

Dépense totale	10,540,000
Plus value totale.	46,029,700

www.ingramcontent.com/pod-product-compliance
Lightning Source LLC
LaVergne TN
LVHW012114170826
845678LV00001BA/384

* 9 7 8 2 3 2 9 6 9 0 5 3 7 *